NOTICE EXPLICATIVE

sur la construction et l'usage

DU

MÉTÉOROGRAPHE ASTRONOMIQUE

SUIVIE

d'une méthode systématique pour en appliquer avec certitude
les indications aux changements de temps dans chaque localité

PAR

E. GURY

Ouvrage mis à la portée de tout le monde et indispensable pour la prédiction du temps

---

> « Rien n'est plus complexe que les problèmes d'application, et ce n'est pas trop de tout l'arsenal de la science pour les attaquer et les résoudre seulement par approximation. »
> (Tom RICHARD, *Aide-mémoire des ingénieurs.*)

GENÈVE

J. MAGNIN, ÉDITEUR, PETITS-PHILOSOPHES, 12

1870

AVIS

Le Météorographe astronomique ayant été revu avec soin, l'auteur ne répond que des exemplaires portant son estampille.

Les contrefacteurs seront poursuivis.

INTRODUCTION

Ceci n'est point un cours de météorologie; c'est le résumé pur et simple des principes sur lesquels est fondée cette branche de la physique générale.

L'importance des matières qu'elle doit faire entrer en ligne de compte nous oblige à renvoyer à un ouvrage plus complet, que nous soumettrons prochainement au public, pour les démonstrations, les développements et les applications pratiques; le but de cette brochure étant, avant tout, de rendre populaires les résultats que nous avons obtenus.

Qu'il nous suffise, pour l'instant, de rappeler au lecteur que nous avons, dès l'origine de nôs recherches, considéré le problème des perturbations atmosphériques comme rentrant dans le domaine de la mécanique expérimentale et appliquée.

A cet effet nous avons pris, comme données fondamentales, celles qui sont admises par la science sur l'attraction universelle et la rotation de la terre, en faisant intervenir, comme auxiliaires, les propriétés non moins connues de la chaleur, de l'hygrométrie et de l'électricité.

Les travaux de savants connus ont été notre point de départ, les observations de marins et d'hydrographes distingués ont piloté notre route aventurée, un système rationnel et méthodique est le but où nous sommes arrivés, malgré les écueils sans nombre que nous avons rencontrés.

La variété des climats que nous avons observés, les différences d'altitude auxquelles nous nous sommes placés, l'étendue des régions que nous avons parcourues, nous ont suffisamment démontré, non seulement les influences des astres, mais encore celles des localités; ces dernières sont les corollaires de nos théorèmes généraux.

Il découle naturellement de là deux modes à combiner :

1° Influences astronomiques, par conséquent générales et

invariables à un moment donné pour une immense étendue de pays ;

2° Influences géologiques et géographiques, purement locales et variables d'un pays à un autre.

Cette méthode, seule complète et seule capable d'expliquer les contre-sens auxquels tout système unique est infailliblement exposé, nous a donné des résultats tellement précis, que nous avons cru devoir en populariser les principes.

Mais une difficulté sérieuse se présentait.

Les connaissances sur la physique, l'astronomie et la mécanique, qui nous servent de base, ne sont pas assez vulgaires ; les calculs souvent compliqués auxquels nous avons recours sortent des habitudes générales ; nous avons en conséquence cherché un moyen pratique d'y suppléer, et nous l'avons trouvé en inventant le *météorographe astronomique.*

Nous avons disposé ce tableau, essentiellement graphique, de manière à donner tous les éléments dont on a besoin pour la prédiction du temps ; il est donc aussi complet que possible, mais nous avons dû le simplifier de manière à le rendre intelligible à tous.

Nous n'hésitons donc pas à dire que désormais le temps nous appartient, et que bientôt le marin ou l'ingénieur calculeront le temps sur leurs cartes avec la même facilité qu'ils y trouvent leurs routes, réalisant ainsi cette pensée que Descartes exprimait il y a plus de deux siècles : .... « Qu'il est possible de parvenir à des connaissances qui soient fort utiles à la vie, et que, au lieu de cette philosophie spéculative qu'on enseigne dans les écoles, on en peut trouver une pratique, par laquelle, connaissant la force et les actions du feu, de l'eau, de l'air, des astres, des cieux et de tous les autres corps qui nous environnent, aussi distinctement que nous connaissons les métiers de nos artisans, nous pourrions les employer en même façon à tous ouvrages auxquels ils sont propres et ainsi nous rendre comme maîtres et possesseurs de la nature. »

NOTICE EXPLICATIVE

sur la construction et l'usage

DU

MÉTÉOROGRAPHE ASTRONOMIQUE

ou indicateur rationnel des variations atmosphériques

DISPOSITION GÉNÉRALE ET CONSTRUCTION DU MÉTÉOROGRAPHE

Le Météorographe astronomique se compose de lignes horizontales et de lignes verticales représentant les divers éléments dont on doit tenir compte dans la prédiction du temps.

Il se divise en deux parties tout à fait distinctes et séparées par un petit intervalle où se trouvent écrites les lettres A et P.

Les lignes verticales donnent le même élément dans les deux parties : c'est le temps ; chacune d'elles représente un jour.

La suite des jours du mois de janvier commence au premier trait fin sur la gauche et continue vers la droite; les 5, 10, 15, 20 et 25 sont en traits plus forts et plus longs ; la ligne représentant le dernier jour est encore plus accentuée et dépasse le tableau d'une quantité suffisante pour séparer le nom du mois de celui du suivant. Il en est de même pour chaque mois. Pour faciliter la lecture et pour éviter toute confusion, les noms des mois sont écrits en haut et en bas.

Les lignes horizontales indiquent, dans la partie supérieure, les degrés du cercle de déclinaison ; le gros trait du milieu représente l'équateur, et, comme dans les cartes ordinaires, la graduation qui s'éloigne de chaque côté donne les degrés du nord en haut, et ceux du sud en bas.

La marche du soleil et celle de la lune y sont données par deux lignes courbes continues, et très-faciles à reconnaître :

La courbe solaire ne coupe que deux fois l'équateur aux équinoxes.

La ligne de la lune, beaucoup plus sinueuse, coupe la ligne équinoxiale tous les 27 ou 28 jours.

Les points d'intersection des verticales avec ces mêmes lignes donnent pour chaque jour la déclinaison respective de chacun des deux astres à midi, temps astronomique moyen de Paris.

Dans la partie inférieure, les lignes horizontales représentent les heures du jour : en commençant à compter celle du matin par le haut et en descendant, on trouve midi au milieu, et on a les heures du soir en bas dans le même ordre.

Les transversales obliques indiquent le passage de la lune au méridien de Paris, temps vrai du lieu. Les points où elles coupent les verticales donnent pour chaque jour le moment où la lune passe au méridien de Paris. Une simple transposition des chiffres de la marge peut donner la même indication pour chaque localité.

La rencontre des mêmes transversales avec les lignes de :

6 h. matin. Midi. 6 h. soir.

donne : Dernier Quartier ; Pleine Lune ; Premier Quartier, comme il est indiqué.

Les deux parties du tableau donnent de cette manière tout ce qu'il est nécessaire de connaître pour déterminer les positions relatives du soleil et de la lune ; dans la première partie on trouve la déclinaison de ces deux astres ; dans la seconde, leur différence d'ascension droite, sans avoir égard à leur ascension droite respective et comptée du point vernal.

Les lettres comprises dans l'intervalle qui sépare les deux parties du Météorographe indiquent A, apogée, P, périgée.

Cette disposition permet ainsi au premier coup d'œil de se rendre compte des mouvements des deux astres qui ont l'influence la plus marquée sur notre atmosphère et décident des perturbations que nous remarquons dans son état.

INDICATIONS MÉTÉOROLOGIQUES

Comme nous l'avons signalé dans notre introduction, les perturbations de l'atmosphère ont deux espèces de causes différentes :

1° Celles qui dérivent des positions du soleil et de la lune relativement à notre planète et de l'un de ces astres relativement à l'autre ; elles sont les mêmes à un moment donné pour tout un hémisphère, et généralement opposées d'un hémisphère à l'autre ; nous les désignerons sous le titre d'*influences générales.*

2° Celles qui proviennent de la position géographique du lieu d'observation et de l'aspect géologique des terrains environnants ; celles-ci, que nous appellerons *influences locales,* varient d'un endroit à un autre.

INFLUENCES GÉNÉRALES

Nous ne parlerons pas ici des phénomènes périodiques observés sur les bords de l'Océan et que tout le monde connaît sous le nom générique de marées. La science nous a suffisamment expliqué que l'attraction du soleil et principalement de la lune sur les grandes masses liquides se traduit par ces remarquables mouvements.

L'atmosphère terrestre se trouvant plus rapprochée de ces centres d'action, le mouvement des molécules qui la composent étant moins limité, on en déduit naturellement qu'un phénomène analogue doit se produire pour les marées aériennes et que celles-ci doivent de même se déplacer suivant leur axe, c'est à dire que chacune d'elles doit avoir son sommet sur la ligne qui passe par le centre de l'axe qui la détermine et celui de la terre.

Ceci établi, nous voyons la marée solaire faire le tour du globe terrestre en même temps que celui-ci opère sa révolution diurne autour de son axe; le point culminant ne varie en latitude, sur un même méridien et entre deux passages successifs, que d'une faible quantité égale à la différence que présente la déclinaison du soleil pendant le temps considéré.

Il en est de même pour l'effet de la lune, seulement la déclinaison de cet astre donnant une différence journalière beaucoup plus considérable, la marée lunaire se trouve transportée d'un pôle vers l'autre avec une vitesse beaucoup plus forte et, dans chaque localité, avec un retard variable comme celui du passage de la lune au méridien.

L'attraction qui produit ces marées réagit aussi de l'une sur l'autre quand les deux masses gazeuses se sont suffisamment rapprochées; il en résulte alors une marée unique intermédiaire entre les deux directions normales; cette marée, qui remplace momentanément les deux premières, se décompose plus tard quand la distance angulaire entre les deux centres d'attraction est devenue trop grande.

Outre les marées périodiques dont nous venons de parler, il en existe une autre permanente sous l'équateur et concentrique à ce grand cercle de notre globe: c'est le produit de la force centrifuge que la rotation rapide de la terre imprime aux couches atmosphériques placées sous la ligne équinoxiale.

Cette dernière marée peut également se combiner avec les deux premières, soit simultanément, soit alternativement; ce dernier cas, qui est le plus fréquent, donne toujours lieu à des courants anormaux faciles à remarquer, mais d'une force toujours inférieure à celle des courants atmosphériques qui distinguent le premier cas, c'est à dire celui qui se produit aux moments des équinoxes.

Les mouvements de composition, décomposition et translation des marées atmosphériques sont la base de tout le système des vents.

Si l'on y ajoute les effets de la chaleur et de l'hygrométrie de l'air, on a la cause de la pluie sous ses diverses formes, et par extension, celle des phénomènes électriques dans leurs capricieuses variétés.

Des démonstrations et des descriptions trop longues pour le cadre que nous nous sommes tracé, nous obligeant à renvoyer nos lecteurs à un ouvrage plus complet que nous leur soumettrons sous peu sur les mêmes matières [1], nous ne donnerons ici que ce qui est absolument nécessaire pour l'usage du Météorographe, que nous supposerons pour l'instant sous les yeux du lecteur.

D'après ce que nous avons dit plus haut, la marée solaire ayant un mouvement de translation presque nul dans le sens de la latitude, quand le soleil se trouve aux environs de ses points de plus forte déclinaison, il en résulte de la part de cet astre une tendance à établir le calme, mais principalement du côté du pôle opposé ; tandis que le moment de son passage à l'équateur, où la translation est la plus rapide, se signale toujours par les vents les plus violents.

L'atmosphère reçoit les mêmes influences de la part de la lune, mais la déclinaison de cet astre variant beaucoup plus que celle du soleil, il en survient une plus grande intensité dans les effets et de plus courts intervalles dans leur périodicité.

Les lignes du soleil et de la lune sur le Météorographe donnent, sans calculs, les moments où ces circonstances se présentent. Nous allons indiquer les différentes séries en supposant, pour ce qui va suivre, que l'observateur est placé au nord de l'équateur ; on en déduira facilement les temps correspondants pour l'hémisphère austral ; les mouvements apparents du soleil et de la lune paraissant inverses, les périodes présentent la même opposition.

Prenons d'abord la lune à son point de plus forte déclinaison méridionale, position qui nous donne généralement deux ou

[1] *Traité de météorologie rationelle,* in-8° et atlas in-folio (sous presse).

trois beaux jours avec un calme assez parfait, auquel succèdent de faibles vents du sud.

En suivant la marche de la lune vers le nord, nous voyons les vents augmenter d'intensité, comme la vitesse de translation et les brises sèches à l'origine devenir humides à mesure que la lune approche de l'équateur. Ordinairement les jours qui précèdent le passage de cette ligne sont marqués par des pluies presque continuelles qui se terminent subitement le jour même ou le lendemain; cet instant est indiqué sur le Météorographe par le croisement de la courbe lunaire sur la ligne 0° 0°.

Un changement aussi rapide s'opère de même pour les vents que les pluies font genéralement tomber au passage de l'équateur.

Les vents secs et violents du nord succèdent presque aussitôt, mais en faiblissant graduellement à mesure que la lune approche de son point de plus forte déclinaison boréale, où le calme s'établit comme au point inférieur, mais le plus souvent pour une plus faible durée.

Cette période est généralement sèche, les points particuliers de l'orbe lunaire, dont nous aurons à parler plus tard, peuvent seuls donner quelques pluies, et il arrive même fréquemment que leur action est tout à fait suspendue.

La réaction produite par le rebroussement de la lune vers le sud n'est jamais très-violente, elle se traduit d'ordinaire par un léger mouvement de l'atmosphère tendant à la pluie, mais le temps se remet presque immédiatement au beau pour retourner à la brume dès le troisième jour à partir du moment où elle a commencé à redescendre.

Les apparences pluvieuses et la force des vents s'accentuent graduellement comme quand la lune vient du sud à l'équateur, mais avec une intensité beaucoup supérieure dans la période que nous considérons, et, comme dans la première, les derniers jours donnent des pluies très-abondantes et des orages fréquents.

Le passage de l'équateur offre encore ici un mouvement de

réaction très-marqué, le temps se remet immédiatement au beau, mais toujours pour un temps très-court; dès le lendemain le temps se couvre de gros nuages orageux, généralement élevés, voyageant dans toutes les directions et donnant des alternatives de beau, de pluie, de grêle, de tonnerre, de calme, ou de vents très-violents, suivant les localités.

Cette période est généralement la plus mauvaise, mais c'est celle où les influences locales sont les plus marquées; les pays qui sont protégés par leur position ont beaucoup moins à craindre, quoique des tourmentes se fassent quelquefois sentir sur une très-grande étendue d'une manière assez uniforme.

Vers la fin de la période le temps revient habituellement au beau et le calme se rétablit.

En résumé, disons que :

Quand le soleil monte du sud vers le nord, la belle saison s'approche et elle s'éloigne en même temps que l'astre qui la produit.

La lune donne des effets identiques, sauf la chaleur sensible.

Donc, quand l'un de ces astres est au nord de l'équateur et surtout quand il s'en éloigne, nous pouvons compter que son influence disposera le temps plutôt au sec qu'à la pluie.

Si, au contraire, l'astre est au sud, les mauvais temps sont plus à craindre.

Quand les deux astres sont d'un même côté de l'équateur, leurs influences s'ajoutent, tandis qu'elles se détruisent en partie si le soleil et la lune sont chacun dans un hémisphère différent.

Nous allons maintenant nous occuper des phases ou quartiers de la lune.

Chacun sait que l'on en compte quatre : deux syzygies, la Nouvelle Lune ou Conjonction, quand la lune se trouve du même côté de la terre que le soleil, elle passe alors au méridien à midi.

La Pleine Lune ou Opposition, où les deux astres sont diamétralement opposés, la lune passe au méridien à minuit.

Deux quadratures que l'on désigne sous le nom de Premier et Dernier quartier dans chacune de ces positions, la lune est intermédiaire entre les deux premières et passe au méridien à 6 heures du soir ou 6 heures du matin.

Avant chacune des syzygies, il y a composition d'une marée unique et intermédiaire entre la marée solaire et la marée lunaire, la décomposition s'opère après.

Les effets que produisent ces mouvements sont semblables à ceux que présentent la combinaison de la marée lunaire avec la marée équatoriale, c'est-à-dire avant le moment de la syzygie les dispositions pluvieuses se font remarquer, elles sont suspendues à l'instant même du passage pour reparaître ensuite. Les tendances pluvieuses qui sont la conséquence de ce mouvement, varient suivant la position que la lune occupe sur son cercle de déclinaison, mais dans tous les cas la durée est de un à deux jours avant et après. Le phénomène, qui est d'autant plus long et plus intense que la lune est plus rapprochée de l'équateur, devient presque nul quand cet astre se trouve à ses points les plus éloignés.

Les effets des quadratures suivent la même loi pour leur intensité relative, c'est-à-dire qu'ils sont plus marqués quand la lune est aux environs de la ligne équinoxiale, mais le phénomène qu'ils présentent est de nature différente : c'est presque toujours une réaction au beau, suivi d'une pluie de faible durée.

Si donc, à un des quartiers de la lune, le temps est au beau, ce temps persiste de vingt-quatre à trente-six heures, après quoi il arrive une pluie plus ou moins forte et longue, suivant la déclinaison de la lune, comme nous l'avons indiqué; le temps se remet ensuite à la marche qu'il doit suivre d'après l'ordre général que nous avons établi.

Si, au contraire, le temps est à la pluie, la réaction est presque instantanée mais la pluie revient dès le lendemain.

Il arrive aussi un mouvement pareil à celui des quadratures quand le soleil et la lune se trouvent avoir la même déclinaison, ce que le météorographe indique par le croisement des deux lignes représentant la marche du soleil et celle de la lune ; mais ici la durée et la force du phénomène, outre l'influence de l'éloignement des deux astres de l'équateur, sont encore subordonnées à leur différence d'ascension droite, c'est-à-dire à leur position relative aux phases lunaires : aux environs des syzygies, pleine et nouvelle lune, pluies plus abondantes et plus longues, diminuant graduellement à mesure qu'on approche des quadratures. Aux quadratures, pluies plus faibles et augmentant en allant contre les syzygies.

Quant aux points apogée et périgée, leur influence ne modifie pas sensiblement l'état de l'atmosphère, on remarque seulement que les variations produites par les divers mouvements astronomiques sont un peu plus marquées dans le périgée, c'est-à-dire quand la lune est plus rapprochée de la terre, que dans l'apogée, point où elle est le plus éloignée.

INFLUENCES LOCALES

Les influences locales sont aussi nombreuses que variées, nous allons les indiquer telles qu'elles résultent de nos observations, corroborées, du reste, par celles des voyageurs, d'hydrographes et de marins connus.

Position géographique. — Les régions intertropicales paraissent au premier coup d'œil beaucoup plus sèches que les parages hyperboréens. Dans ces derniers les brumes et les pluies paraissent presque continuelles, ou alternent de manière à cacher perpétuellement les rayons du soleil. Sous l'équateur, au contraire, les jours purs et calmes se succédent, et les pluies, les orages ne se montrent qu'à de rares intervalles.

Le nombre des jours pluvieux, comme on le voit, semble augmenter comme la latitude ; mais si l'on tient compte de la quantité d'eau tombée dans chaque localité, il se présente une anomalie surprenante : la pluie est en autant plus forte quantité que l'on approche de l'équateur, sous lequel elle atteint son maximum.

D'où il résulte qu'on doit admettre dans n'importe quelle combinaison astronomique, que les présages de pluie auront d'autant plus de certitude qu'on se rapprochera des pôles, tandis que ceux de beau temps seront de plus en plus vrais en allant contre l'équateur.

Ici, cependant, les pluies seront beaucoup plus fortes, surtout en hiver, et leur intensité diminuera en s'éloignant.

Altitude. — La géographie botanique donne en principe qu'une certaine élévation sur le flanc d'une montagne correspond à un certain changement de latitude en s'éloignant de l'équateur; il en est de même pour les faits météorologiques : à mesure que l'on s'élève, les pluies sont plus fréquentes, mais beaucoup moins abondantes, de sorte que dans un temps donné, les quantités d'eau recueillies sur différents points d'un même flanc de coteau seront d'autant plus fortes que les positions seront moins élevées.

Cette remarque, très-importante, n'est pas la seule que nous ayons à signaler; la masse des montagnes exerce sur celles des nuages un effet d'attraction très-sensible, aussi voyons nous que c'est sur celles-ci que s'amoncellent les premiers nuages quand il se produit un changement du beau à la pluie; et si la pluie doit être d'une courte durée, il arrive fréquemment qu'elle ne tombe que dans les vallées étroites et au pied des montagnes.

Si les pluies doivent être persistantes, elles ne s'étendent que progressivement dans l'intérieur des plaines, où, dans ce cas, elles sont généralement uniformes du commencement à la fin. Ajoutons que quand le temps revient au beau, c'est encore sur les montagnes que l'on voit les derniers nuages. Les pays très-accidentés offrent presque chaque jour des exemples de ce phénomène.

Comme conséquence naturelle de ce que nous venons d'énoncer, nous ferons remarquer que les montagnes isolées et les chaînes de peu d'étendue concentrant l'attraction sur un petit espace, il arrive souvent dans leur voisinage des pluies torrentielles qui causent les plus fâcheux désastres, tandis que les grandes chaînes diminuent l'intensité relative de l'attraction, par suite du grand nombre de points qu'elles présentent aux masses nuageuses.

La direction des montagnes a aussi son rôle particulier dans la question : quand une série de pluie s'arrête sur une chaîne dont la direction est parallèle à l'équateur, le phénomène en parcourt généralement toute la longueur et s'étend dans les parages environnants ; si la chaîne se dirige dans le sens nord et sud, les nuées pluvieuses sont alors localisées sur les régions voisines. Dans l'un et l'autre cas, il suffit de la localisation d'une pluie initiale au commencement d'une saison pour influer sur tout le reste du temps. Nous reviendrons ailleurs sur cette importante matière.

Nature du sol. — La nature du sol, quoique n'influant que d'une manière secondaire, n'en a pas moins ses effets très-marqués. Les pluies sont généralement plus rares et la température plus constante dans les pays où les terrains sont en majeure partie ou en totalité formés d'alluvions anciennes, d'argiles ou de mornes compactes, ces natures de terre ne retenant à leur surface qu'une quantité d'eau presque insignifiante, et ne livrant à l'évaporation que très-difficilement celle qu'elles contiennent, il en résulte de plus grandes tendances à la sécheresse.

Les sables, les craies, la terre végétale, les débris d'olomitiques, les tourbes, les alluvions contemporaines ont au contraire un degré d'hygroscopicité beaucoup supérieur, ce qui occasionne des pluies plus fréquentes sur ces terrains ; mais leur grande capacité calorifique y produit plus facilement de brusques variations de température, dont les effets peuvent devenir funestes dans certaines circonstances. Une culture bien développée dans un pays y régularise beaucoup l'intensité et l'apparition des divers phénomènes, en corrigeant les effets du sol, qui prédominent si la contrée est inculte.

Climats marins, climats continentaux. — Sous une même latitude, les variations de température sont toujours plus fortes et plus fréquentes que dans les plaines océaniques, quoique la température moyenne y soit peu inférieure; les pluies et les vents suivent la même loi; mais dans les mers de peu d'étendue et dans le voisinage des terres, on observe souvent des fluctuations anormales produites pas les inégalités du sol.

Les îles isolées concentrent aussi fréquemment les phénomènes qui se développent à proximité, surtout dans le voisinage des tropiques.

CONCLUSIONS

Notre système de météorologie, comme nous le donnons ici, est réduit à une telle simplicité, les applications de notre méthode se font avec une telle facilité, que nous ne doutons pas de son utilité réelle et pratique.

Néanmoins, les questions d'un ordre supérieur, comme celle de la localisation des pluies ou de la sécheresse pendant de longues périodes, etc., sont soumises à des calculs de combinaisons souvent compliqués sur lesquels nous ne pouvons nous entretenir ici. Les données sur lesquelles reposent ces solutions n'ont, du reste, pas encore été suffisamment déterminées, mais c'est une affaire de temps et d'observation, car, comme l'a dit un savant ingénieur dans ce passage que nous avons pris pour épigraphe : « Rien n'est plus complexe que les problèmes d'application, et ce n'est pas trop de tout l'arsenal de la science pour les attaquer et les résoudre seulement par approximation. »

On s'étonnera peut-être que nous n'ayons pas parlé du baromètre, du thermomètre, de l'hygromètre, etc.

Nous avons dû écarter l'emploi de ces instruments de notre système pour plusieurs raisons.

Une des principales, c'est que les instruments ordinaires sont presque toujours mal construits et que conséquemment leurs indications sont erronées. Ensuite, tout en reconnaissant que l'usage des meilleurs peut être très-précieux pour suivre la marche des phénomènes, disons que les observations doivent être trop minutieuses et trop multipliées pour que les personnes n'ayant ni le temps, ni l'habitude, puissent les faire avec fruit.

Enfin, les instruments ne pouvant donner l'indication des diverses variations dans l'état de l'atmosphère qu'à mesure qu'elles se produisent, les déductions qu'on en tire ne portent dès lors que sur un temps très-limité quand elles ne sont pas trompées.

Nous démontrerons d'ailleurs, dans notre Traité de météorologie rationnelle, que la pression indiquée par la colonne barométrique varie comme celle de l'atmosphère, mais qu'elle ne lui est ni égale, ni même proportionnelle.

Quand, par des moyens quelconques, nous aurons pu obtenir la valeur réelle de cette pression, que nous aurons pu avoir la mesure de l'attraction du soleil et de la lune sur notre planète, tous les éléments nécessaires seront à notre disposition et le problème sera complètement résolu dans toutes ses parties.

Nous terminerons en donnant un avis aux personnes qui pourraient avoir quelques doutes sur la valeur de notre système ou qui voudraient ne tenir compte que de leurs observations.

Il suffit de :

1° Noter sur le Météorographe quelles sont les directions de la courbe lunaire qui correspondent aux périodes de pluie ou de beau temps.

2° Examiner ensuite à quels points de cette même ligne il arrive des changements de temps.

3° Remarquer enfin l'influence des phases lunaires indiquées dans la partie inférieure du tableau.

Le moyen est infaillible pour obtenir, sans études spéciales, sans calculs compliqués, ni observations trop longues, des résultats suffisants pour la pratique, et nous assurons à toutes les personnes qui l'emploieront, outre la réussite, cette conviction solide et durable à laquelle nous devons cette parole immortelle et sublime du célèbre martyr :

E pur si muore.

Genève. — Impr. Soullier & Wirth, Cité 19-21.

Météorographe Astronomique

Indicateur rationnel des variations atmosphériques

1870 — 1870

dressé par

E. GURY.

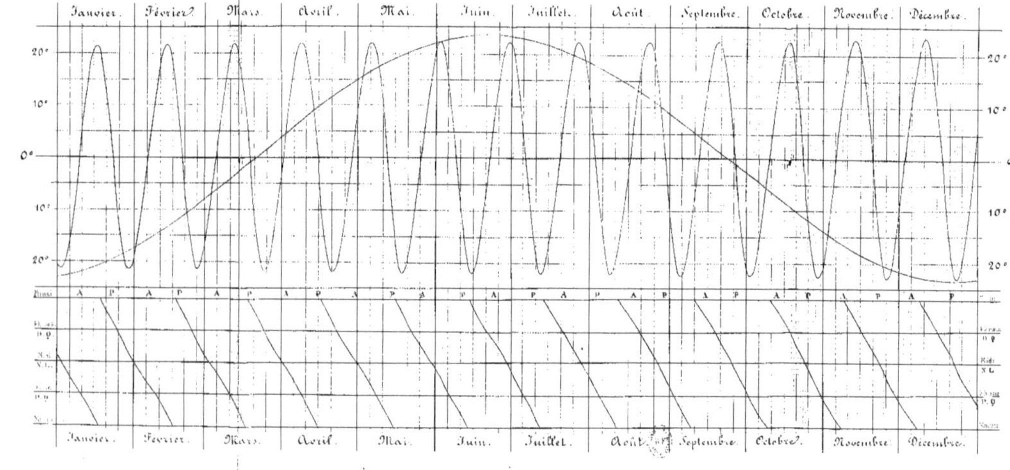

Litho. Brunner Knecht. Genève

www.ingramcontent.com/pod-product-compliance
Ingram Content Group UK Ltd.
Pitfield, Milton Keynes, MK11 3LW, UK
UKHW020541180726
13839UKWH00006B/2646